U0364008

高温作业那些事

唱斗◎编著

中国工人出版社

为维护户外劳动者的合法权益，在全国总工会的引领下，各级工会大力推广户外劳动者服务站点建设，全国各地已形成一定规模。

　　为了更好地发挥各地户外劳动者站点服务劳动者的功能，在为户外劳动者解决"休息难、就餐难、如厕难"等难题的同时，本套"户外劳动关爱丛书"针对户外劳动者的工作特点和工作方式，为户外劳动者设计了涵盖维权、高温天气作业、素质提升、安全防护、健康知识等领域的小手册，旨在为广大户外劳动者提供有关工作、生活、身心健康等方面的贴心指南，也丰富户外劳动者站点的服务产品形式。

本套丛书以图文并茂的形式、通俗易懂的语言，让户外劳动者在体会阅读乐趣的同时，了解与其自身权益息息相关的诸多实用小知识，以享受到更好的服务。

高温基础知识

高温天气对健康的影响

高温天气下的职业健康防护

防暑降温常识

高温基础知识

1 工作场所的气温受哪些因素影响？

气象学上把空气温度简称为气温。气温是表示空气冷热程度的物理量，它的计量单位是摄氏度（℃）。

通常，天气预报所说的气温，是在野外空气流通、不受太阳直接照射的条件下，在百叶箱内测得的空气温度。不同季节、不同天气，最高气温会有变化。一般情况下，一天里的最高气温多出现在下午2—3点。

工作场所的气温除取决于大气温度外，还受太阳辐射等很多因素的影响。

② 热辐射与温度有关吗?

热辐射主要是指红外辐射。

太阳光的照射,生产环境中各种熔炉、燃烧的火焰和熔化的金属等热源都可以产生大量的热辐射。红外辐射不能直接加热空气,但可以使受到照射的物体温度升高。

理论上,温度高于绝对零度的物体都可以向周围发出红外辐射。温度越高,红外辐射越强。

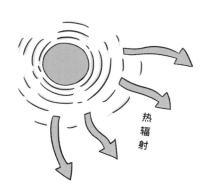

热辐射

3 相对湿度可以用百分数来表示吗？

湿度是表示大气干燥程度的物理量，而相对湿度是一个比值，可以用百分数来表示。

当环境中的相对湿度过高或过低时，都会对人体健康产生不利的影响。例如，夏季环境相对湿度过高时，人体的散热受到了抑制，会出现闷热、烦躁的感觉。冬季环境相对湿度过高时，人会有阴冷的感觉。相对湿度过低时，人会有口干舌燥甚至咽喉肿痛等不舒适的感觉。

通常，将工作场所相对湿度在 80% 以上的环境称为高气湿环境，低于 30% 的环境称为低气湿环境。

4 怎么认定高温天气?

高温天气是指地市级以上气象主管部门所属气象站向公众发布的日最高气温在 35℃以上的天气。

通常,高温有两种情况:一种是气温高、湿度低的干热性高温;另一种是气温高、湿度高的闷热性高温,也称"桑拿天"。

5 热环境是如何分类的?

热环境是指由太阳辐射、气温、周围物体的表面温度、相对湿度与气流速度等物理因素共同组成的作用于人,并能影响到人的冷热感觉和身体健康的环境。

根据热源的不同,可以将热环境分为自然热环境和人工热环境两种。例如,自然热环境的热源可以是太阳,人工热环境的热源可以是工厂里的熔融金属。

⑥　高温作业是如何界定的?

　　高温作业是指在生产劳动过程中，工作地点平均湿球和黑球温度指数 ≥ 25℃的作业。

　　湿球和黑球温度指数是指湿球、黑球和干球温度的加权平均值，是一个综合性的热负荷指数。

　　按照气象条件的特点，可以把高温作业分为高温、强热辐射作业，高温、高湿作业和夏季露天作业 3 种基本类型。

7 高温、强热辐射作业的气象特点有哪些?

高温、强热辐射作业的气象特点是气温高、热辐射强度大、相对湿度较低的一种干热环境。

冶金工业的炼焦车间、机械工业的铸造车间、陶瓷制造的炉窑车间的作业属于高温、强热辐射作业。

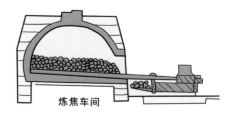

炼焦车间

8 高温、高湿作业的气象特点有哪些?

高温、高湿作业的气象特点是气温高、气湿高,但热辐射强度不大。

工作场所相对湿度大的主要原因是生产过程中产生了大量的水蒸气或者是生产工艺要求工作环境要保持较高的相对湿度。

此外,当工作场所出现通风不良的情况时,也很容易形成高温、高湿和低气流的不良气象条件,这就是人们常说的湿热环境。

⑨　夏季露天作业的气象特点有哪些？

夏季，环卫工人、交通警察、建筑工人、快递小哥、矿藏勘探开采工等户外劳动者多从事夏季露天作业。

它的气象特点是人体除了受太阳的直接辐射作用外，还会受到来自加热的地面和周围物体的二次辐射。

通常，这种作用的持续时间比较长，再加上中午前后的气温比较高，很容易形成高温和热辐射的联合作用。

高温天气对健康的影响

🔟 高温天气对体温有哪些影响?

　　人的体温是相对恒定的。

　　当环境温度发生变化时,人体会通过外周温度感受器将感受到的温度信息传递到下丘脑的体温调节中枢,再通过调节机体的产热和散热活动,来维持体温的相对恒定,以保证机体新陈代谢的正常进行。

　　户外劳动者在高温环境下工作时,由于蒸发散热极为困难,大量出汗也不能有效地发挥散热作用,容易导致体内热蓄积或水分、电解质平衡失调,从而引发中暑。

⑪ 高温天气对心血管有哪些影响?

心脏是推动血液流动的动力器官。

高温环境下，人的心脏不仅要向皮肤表面输送大量的血液，以便有效地散热，还要向肌肉输送足够的血液，以保证肌肉的活动，维持正常的血压。

随着在高温环境下工作时间的延长，人体会不断出汗，丢失大量的水分，严重的会导致心血管处于高度紧张状态，引起血压变化，甚至中暑。

⑫　高温天气对消化功能有哪些影响？

在高温环境下，人们会大量出汗，如果不能及时补充盐分，那么血液中的盐储备量会不断减少，导致胃液酸度降低，影响消化功能和杀菌能力。

高温引起的外周血管扩张，也容易导致消化道贫血。

上述原因还会导致唾液分泌量明显减少，淀粉酶活动能力降低，胃肠道的收缩和蠕动能力减弱、排空速度减慢，出现食欲减退、消化不良等症状，增加胃肠道疾病的发病率。

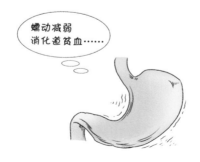

⑬ 高温天气对肾脏有哪些影响？

　　肾脏是人体的重要器官。它的基本功能是生成尿液，清除体内代谢产物及某些废物、毒物，同时保留水分、葡萄糖、氨基酸、钠离子等有用物质，以调节水分、电解质平衡及维护机体的酸碱平衡。

　　在高温天气条件下，体内的大量水分经汗腺排出，会引起尿量减少、尿液浓缩。如果不及时补充水分，会导致肾脏的负担加重，严重时甚至会造成肾功能不全，使得尿液中出现蛋白、红细胞等。

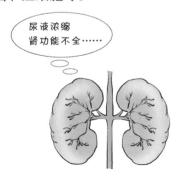

14 高温天气对神经系统有哪些影响？

一般情况下，身体受热时，体温会升高。人的主观感觉会不舒适，容易出现疲劳、嗜睡等症状。这时人的精神活动会受到影响，往往会出现工作效率下降、错误率增加等情况。

当人长时间在高温环境下工作时，中枢神经系统的兴奋性、注意力的集中度、肌肉的工作能力、动作的准确性和协调性及反应速度会降低，特别容易引发工伤事故。

⑮ 高温天气对呼吸系统有哪些影响?

在高温作业过程中,人体因热蓄积而使血液温度升高。这样既刺激了下丘脑的体温调节中枢,又刺激了呼吸中枢,使人反射性地加强了呼吸运动,出现呼吸频率加快的现象。

人们在因过热而感到烦躁与焦虑的同时,也会刺激中枢神经系统,增加呼吸次数和每分钟的气体交换量。这有利于人体的散热,以此来保持体温的恒定。

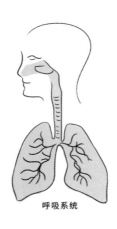

呼吸系统

16 如何诊断职业性中暑？

职业性中暑是指在高温作业环境下，由热平衡和（或）水盐代谢紊乱而引起的以中枢神经系统和（或）心血管障碍为主要表现的急性疾病，是法定的职业病。

也就是说，当周围环境的气温过高时，人体通过大量的排汗还释放不了体内所产生的热量时，血液循环就会加快，以增加热能散发。如果仍然不能起到体内散热的作用，积聚的热量就会使体温升高。轻者会出现发热、乏力、头晕、恶心等症状，重者则会出现剧烈头痛、昏厥、昏迷、痉挛等症状，甚至死亡。

如何应对中暑先兆?

中暑先兆是指劳动者在高温环境下劳动了一段时间后,会出现头昏、头痛、口渴、多汗、全身疲乏、心悸、注意力不集中、动作不协调等症状,体温保持正常或略有升高。

发生中暑先兆后,应及时转移至阴凉通风处,补充水分和盐分,并予以密切观察。上述症状通常在短时间内即可缓解。

⑱ 如何应对轻症中暑？

除了具备中暑先兆的症状，轻症中暑者通常还会出现面色潮红、大量出汗、脉搏速度加快等症状，体温明显升高，有时会达到38.5℃以上。

出现轻症中暑的劳动者应迅速脱离高温环境，到阴凉通风处休息，并补充含盐清凉饮料，及时对症处理。如处理及时，往往可以在数小时内恢复。

⑲ 如何应对热射病?

　　热射病的特点是突然发病,开始时会大量出汗,后出现"无汗"现象。此时体温会迅速上升,甚至高达40℃以上。

　　当人的体温很高时,大脑和其他重要的器官就无法正常工作。此时,热射病患者会出现癫痫症状。如果不及时救治,人体很多重要器官就会出现功能衰竭,甚至是死亡。

　　因此,对于热射病患者的处理,最重要的就是降温和补液,其次是控制并发症,并及时将患者送往医院进行救治。

㉕ 如何应对热痉挛？

热痉挛是人体由水分和电解质的平衡失调所引起的。热痉挛的典型症状是明显的肌肉痉挛且有收缩痛，痉挛呈对称性。轻者不影响工作，重者痉挛加剧。患者神志清醒，体温正常。

发生热痉挛时，应在阴凉环境中休息，及时补充含盐分的饮料，一般可在短时间内恢复。症状严重者，应及时就医。

这里要注意的是，即使中暑人员的身体情况缓解了，也不能马上再从事高温作业，以免上述症状复发。

我热得全身酸痛……

㉑ 如何应对热衰竭？

热衰竭是由高温引起外周血管扩张及大量失水造成的循环血量减少、颅内供血不足的现象。热衰竭的典型症状是先有头晕、头痛、心悸、恶心、呕吐、出汗，继而出现昏厥、血压短暂下降等，体温一般不高。

热衰竭的特点是发病急、后果严重。一旦发现热衰竭症状，应立即去医院进行救治。

高温天气下的职业健康防护

户外劳动者健康检查包括哪些内容?

　　对户外劳动者的健康检查内容一般包括职业史，健康状况及主观感觉，中暑史和一般临床检查（包括脉搏、血压、心、肺、肝、脾及晶状体、视网膜等器官的检查）。

　　户外劳动者健康检查一般在每年 3 月底以前完成。对确诊为高温作业禁忌证者，应及时调整工作岗位。

哪些人不适宜从事高温天气作业？

凡有心血管、呼吸、中枢神经、消化和内分泌等系统的器质性疾病者，过敏性皮肤瘢痕患者，重病后恢复期及体弱者，均不宜从事高温作业。例如，动脉粥样硬化、高血压、器质性心脏病等心血管系统疾病；活动性肺结核、肠结核、肾结核、骨关节结核病；精神病、甲状腺功能亢进等神经系统、内分泌系统疾病。

如何提高对高温的适应能力？

科学、合理地锻炼身体可以使心血管功能增强、血液与肌肉组织的接触面增加、体质增强，这些都有利于氧的供应和废物的排出。

经常锻炼身体的人具有较强的体温调节能力。在从事高温天气作业时，他们对高温的适应能力强，也就是人们常说的耐热能力强。

25 夏季户外劳动者如何合理饮水?

（1）早晨起床后空腹喝水，可以补充一夜所消耗的水分，降低血液黏稠度，促进血液循环。

（2）用餐前和用餐时不宜大量喝水，因为用餐前和用餐时大量喝水，会冲淡消化液，不利于食物的消化、吸收。

（3）平时应注意及时补充水分。感到口渴时，表明人体水分已失去平衡，细胞开始脱水，此时身体已处于缺水状态。

（4）长时间在高温天气环境下工作时，要适当补充一些淡盐水。因为大量出汗后，人体内盐分流失过多，若不及时补充盐分，则会使体内水分、盐分比例严重失调，导致代谢紊乱。

户外工作时如何避免身体脱水？

在高温天气下作业，如果不及时补充水分和盐分，将会引起不同程度的水盐代谢紊乱。一般按照脱水的程度可分为轻、中、重度脱水。

轻度脱水时，失水量约占体重的 2%，稍有口渴感，可通过自行及时补充清凉饮品缓解症状。

中度脱水时，失水量约占体重的 6%，口渴感明显，尿量减少，可通过适当休息并及时补充含盐的清凉饮品缓解症状。

重度脱水时，失水量约占体重的 10%，除上述症状外，还表现为明显无力，并出现烦躁、意识模糊与昏迷等症状。这时可先将患者转移到阴凉处，通过饮用水、茶、碳酸饮料、运动饮料或清汤补充水分，并及时就医。

如何提高食欲？

（1）高温天气用餐时，建议选择凉爽的就餐环境。

（2）就餐前，先喝少许凉汤和饮料。这不仅可以补充盐分，还可以促进消化液的分泌，从而提高食欲。

（3）可在饭菜中加入适当的盐、醋等调味品来提高食欲。

28 如何合理补充营养？

当人在高温环境中劳动时，体温调节、水盐代谢以及循环、消化、神经、内分泌和泌尿系统会发生一些改变，容易引起营养不良。因此，在日常生活中可以通过饮食来补充一些营养素。

（1）补充足够的蛋白质，以鱼、肉、蛋、奶和豆类为好。

（2）补充维生素，可以多吃如西红柿、桃、杨梅、西瓜、甜瓜、李子等含维生素 C 的新鲜蔬菜和水果，以及谷类、豆类、瘦肉、蛋类等富含 B 族维生素的食物。

（3）补充无机盐，可食用含钾高的食物，如水果、蔬菜、豆类或豆制品、海带、蛋类等；多吃清热利湿的食物，如苦瓜、乌梅、草莓、黄瓜、绿豆等。

高温天气如何做好个体防护?

作业人员应根据户外工作的特点，正确选择并穿戴防护手套、安全鞋、防护眼镜、面罩、工作帽等个体防护用品。

劳动者的防护眼镜要具有抗冲击、防紫外线等功能。工作服应以耐热、导热系数小而透气性能好的浅色、宽大的服装为宜。

30 中暑后该如何处理?

如果在高温作业时,出现头晕、恶心、心慌等症状,那么很可能已经中暑了,应及时采取相应的自救措施。

具体措施如下:

(1)立即停止工作,到阴凉的地方休息。

(2)及时补充含盐分的饮料,要小口慢饮,不要大口猛喝,以防加重心脏负担。

(3)解开衣领、领带、皮带等配饰,保持身体放松。

(4)及时使用解暑药物。

(5)若休息后症状不能缓解,应及时求助并就医。

31 如何合理安排作息时间?

高温天气作业时，应制定合理的劳动作息时间。在气温较高的条件下，应适当调整作息时间，具体做法如下：

（1）早晚工作，中午休息，尽可能白天做"凉活"，晚上做"热活"，可以在一定程度上降低身体的热负荷。

（2）尽量缩短连续作业时间，采用换班轮休的方法增加休息次数。轮换休息有助于恢复体力，避免过度疲劳。全国各地建立了多种形式的户外劳动者服务站点，可适当间歇地进站点休息。

高温补贴可以用冷饮等物品代替吗?

原卫生部、原劳动和社会保障部、原国家安全生产监督管理总局、中华全国总工会联合发布的《关于进一步加强工作场所夏季防暑降温工作的通知》(卫监督发〔2007〕186号)规定,用人单位安排劳动者在高温天气下(日最高气温达到35℃以上)露天工作以及不能采取有效措施将工作场所温度降低到33℃(不含)以下的,应向劳动者支付高温津贴。

根据《防暑降温措施管理办法》第十一条规定:用人单位应当为高温作业、高温天气作业的劳动者供给足够的、符合卫生标准的防暑降温饮料及必需的药品。不得以发放钱物替代提供防暑降温饮料。防暑降温饮料不得冲抵高温津贴。

中暑后如何申请工伤待遇?

劳动者如果因为中暑造成了后遗症,可以向劳动能力鉴定委员会提出劳动能力鉴定申请。

劳动者发生中暑,建议就近进行治疗,同时保留好就诊病历资料,作为鉴定凭证。被判定为工伤后,劳动者即可按规定享受相应的工伤待遇,而就诊的医疗费用由用人单位或工伤保险基金承担。

防暑降温常识

34 应常备哪些防暑降温用品？

（1）折扇、风扇、毛巾、花露水等日常辅助降温用品。

（2）风油精、藿香正气水、人丹等防暑降温药品。

（3）绿豆汤、盐水等防暑降温饮品。

35 应常备哪些防暑降温饮品？

（1）绿豆汤。中医认为，绿豆具有消暑益气、清热解毒、润喉止渴、利水消肿的功效，能预防中暑。有关实验表明，绿豆对减少血液中的胆固醇及保护肝脏等均有明显作用。唯一不足之处是绿豆性太凉，体虚者不宜食用。

（2）盐开水或盐茶水。夏季高温，出汗过多，体内盐分减少，体内的渗透压就会失去平稳性，导致中暑。多喝些盐开水或盐茶水，可以补充体内失掉的盐分，从而达到防暑的功效。

茶水中的钾是人体内重要的微量元素。钾能维持神经和肌肉的正常功能，特别是心肌的正常运动。科学分析表明，茶叶含钾较多。钾容易随汗水排出，温度适宜的盐茶水应该是夏季首选饮品。

（3）山楂汤。山楂具有消食健胃、活血

化瘀、收敛止痢的功效。可制作山楂汤，用山楂片 100 克、酸梅 50 克，加 3.5 升水煮烂，放入白菊花 100 克烧开后捞出，然后放入适量白糖，晾凉饮用。

（4）牛蒡茶。牛蒡茶是以中草药牛蒡根为原料的纯天然茶品。牛蒡茶具有排除人体毒素、滋补和调理的功效。牛蒡直接泡水喝，可以清热、解毒、祛湿、健脾、开胃、通便、平衡血压、调节血脂等。

（5）西瓜翠衣汤。西瓜洗净后切下薄绿皮，削去内层柔软部分，即成西瓜翠衣。其性味甘凉，可治暑热烦渴、水肿、口舌生疮、中暑和秋冬因气候干燥引起的咽喉干痛、烦咳不止等症状。具体做法是将西瓜翠衣加水煎煮 30 分钟，去渣后加适量白糖，晾凉饮用。

36 哪些蔬菜具有防暑功效？

（1）西红柿。西红柿属于夏季的应季蔬菜，营养丰富，具有清热解毒、平肝去火等功效。

（2）黄瓜。黄瓜可利尿、消水肿。凉拌吃可以增加食欲、消腹胀，还可以解口渴、退干热。

（3）苦瓜。苦瓜含有钙、磷、铁等多种物质，可以刺激唾液、胃液分泌，增强食欲，又可以消去烦渴，是防暑的佳品。

（4）冬瓜。冬瓜含有人体必需的多种微量元素。喝冬瓜汤对缓解中暑症状有明显的疗效，把冬瓜切成小块治疗痱子也有很好的效果。

（5）丝瓜。丝瓜有顺气健脾、化痰止咳、平喘解痉、凉血清热的功效，常吃可以治疮疖、解暑热。

㊲　为什么夏季要多吃苦味菜?

夏季气温高、湿度大，往往容易使人精神萎靡、倦怠乏力、食欲不振。此时，吃点苦味菜大有裨益。中医学认为，夏季暑盛湿重，既伤肾又伤脾胃。吃苦味食物可以补气、固肾、健脾，达到平衡机体功能的目的。

现代科学研究也证明，苦味菜中含有丰富的具有消暑、退热、除烦、提神和健胃功能的生物碱、氨基酸、苦味素、维生素及矿物质。苦瓜、莴笋、芹菜等都是很好的选择。

苦味菜

38 哪些水果具有防暑功效？

（1）桃子。桃子富含多种维生素、矿物质及果酸等。桃子的含铁量很高，铁是人体造血的主要微量元素，对身体健康有益。

（2）草莓。中医认为草莓有去火的功效，食用后能清暑、解热、除烦。

（3）梨。梨因鲜嫩多汁、酸甜适口，又有"天然矿泉水"之称，具有防暑的功效。

（4）甜瓜。甜瓜富含蛋白质、脂肪、碳水化合物、钙、胡萝卜素等多种营养，有清热解渴、利尿、保护肝肾等功效。

39 为什么不宜贪食冷藏西瓜？

西瓜性味甘寒，可缓解发热、心烦、口渴等症状，胃寒、腹泻的人不宜多吃。

日常生活中，切开的西瓜要尽量一次性吃完。如无法一次性吃完，则用保鲜膜封好，再放到冰箱里保存。西瓜的冷藏时间最好不要超过 24 小时。

食用冷藏的西瓜时，口腔内的唾液腺、味觉神经和牙周神经都会因冷刺激而处于麻痹状态，使人不但难以品出西瓜的甜味，过量食用还会伤及脾胃，对健康不利。

⑳ 夏季冲凉有哪些注意事项?

（1）高温天气作业刚结束时，人体仍处于代谢旺盛、产热增多、皮肤血管扩张的状态。此时如果立即洗冷水澡，皮肤会因受到冷刺激产生血管收缩，导致机体内的热散发受阻，反而会使人体出现体温升高的现象。

（2）人体从热环境一下子进入冷环境，来不及调整适应，皮肤血流量减少，使回心血量突然增加，会加大心脏负担，同时也容易引起感冒或胃肠痉挛等疾病。

（3）作业后，肌肉疲劳，紧张度增加，这时如果再受到冷水刺激，有可能会引发痉挛。

41 为什么不宜用凉水冲脚?

（1）脚是人体血管分支的末梢部位，脚底皮肤温度是全身最低的，极易受凉。

（2）脚底的汗腺较发达，脚部突然受凉，会使毛孔骤然关闭，时间长了会引起排汗功能障碍。

（3）脚部的感觉神经末梢受凉水刺激后，正常运转的血管组织会剧烈收缩。经常用冷水洗脚会导致舒张功能失调，诱发肢端小动脉痉挛、红斑性肢痛、关节炎和风湿病等，甚至会引发其他疾病。

如何正确使用电风扇?

（1）使用电风扇时，转速不要太快，使用时间不可过长，以30分钟至1小时为宜。

（2）使用时，不宜用电风扇直吹人体，距离不宜太近。吹一段时间后，应变换吹风的朝向，以免局部受凉过久。

（3）不要开着电风扇睡觉。如果睡觉时室内气温过高，最好使用电风扇的摇头微风功能，并使用定时关闭功能来加以控制。

（4）大量出汗时，不要静坐猛吹电风扇。

夏季如何避免"空调病"？

　　"空调病"是近年来才逐渐流行的词，主要是指人因为长期待在空间相对密闭、空气不流通的空调环境内，虽然能够获得暂时的凉意，但机体适应能力下降，常会出现鼻塞、打喷嚏、四肢酸痛的症状。

　　要想预防"空调病"的发生，一定要严格控制人在室内吹空调的时间。建议在空调环境停留一段时间后，去户外活动一下，并将门窗打开，让空气对流。使用空调时，温度不宜设置得太低，以 26℃为宜，并注意不要直吹。

㊹ 夏季如何预防细菌性痢疾?

肠道疾病在夏季高发，细菌性痢疾是最常见的肠道传染病之一。

细菌性痢疾是一种由痢疾杆菌引起的急性肠道传染病，主要临床表现为腹痛、腹泻、里急后重、脓血样大便，部分病例可能出现发热等症状。症状严重的可出现高热并伴有感染性休克症状，有时会出现脑水肿和呼吸衰竭。

预防细菌性痢疾要注意饮食卫生，不喝生水，不吃生冷变质的食物。制作食品时应生熟分开，已经烹调好的食品，不要放回盛放过生食的餐具内。餐具、食材等要做好清洗消毒工作。另外，要少吃油腻食物，多吃清淡食物，不要吃隔夜菜。

45 夏季如何预防感染新冠肺炎？

新型冠状病毒将长期存在，疫情防控工作仍然艰巨繁重。

要预防新冠肺炎，平时应坚持戴口罩，保持社交距离，保持手部卫生，配合做好健康监测，做好饮食卫生以及日常清洁和消毒，符合条件的要及时注射疫苗。

46 夏季如何预防热中风?

中风是中老年人多发的脑血管病,在夏季发生的中风俗称"热中风"。

夏季气温高,人体会因大量排汗流失部分水分,如果未得到及时补充,容易造成脱水。脱水会使血容量减少、血液黏稠、血液循环减缓,形成微小血栓,对于患有高血压、高血脂或心脑血管疾病的人来说,会增加中风的概率。

因此,夏季一定要及时补充水分,即便不渴也要多饮水,并且适当补充盐分。半夜醒来时也可以适量喝点水,以降低血液黏稠度,这对预防血栓形成大有好处。

夏季如何预防关节疼痛？

　　夏季天气炎热，人的毛孔都处于张开的状态，一旦有冷水入侵，就可能刺激到关节部位，进而引发关节疼痛，严重时甚至导致关节无法活动。因此，即便是在夏季，用水时也应尽量用温水。

　　如果使用冷水后，关节出现剧烈疼痛，最好及时前往医院进行进一步的身体检查。

48　夏季如何预防蚊虫叮咬?

　　蚊虫叮咬传播是很多传染病的一种传播途径。例如，如果蚊子叮咬了患有疟疾的病人，病人血液中的疟疾病毒就进入蚊子体内了。蚊子携带病毒后，再叮咬健康人，就可能造成疟疾的传播。因此，夏季防蚊虫叮咬是预防传染病的一个重要的措施。

　　做到以下几点可预防蚊虫叮咬:

　　（1）尽量穿浅色衣服。蚊子喜欢深色，如花斑蚊最喜欢停在黑色衣服上。

　　（2）吃一些富含胡萝卜素或大蒜等有辛辣味的蔬菜。

　　（3）可以点燃艾草、艾条驱蚊。

　　（4）在室内喷洒白醋，可达到驱蚊效果。

　　（5）睡前可用藿香正气水兑温水擦洗皮肤。

49 夏季如何预防皮炎？

夏季天气潮热，有利于各种真菌、细菌的繁殖生长。加之人们容易出汗，皮肤潮湿，如不及时擦净保持干燥，真菌便会乘虚而入，引起皮肤癣病。

最常见的皮肤癣病有足癣，也就是我们所说的"脚气"。另外，很多男青年容易在夏季感染体癣和花斑癣（汗斑），这与排汗量大有关系。如果出汗后不及时清洗，真菌还会在皮肤上繁殖，引起丘疹、水疱、鳞屑等皮肤病。

预防此类皮肤病最关键的做法就是保持皮肤的清洁干爽。要勤洗澡，并及时更换掉出汗的衣服。可选择一些质地清爽、透气性好的衣服和鞋袜，不与他人混用生活用具。

50 夏季如何预防结膜炎?

游泳是人们在炎热夏季最喜欢的一项运动。

很多人会选择去游泳池里游泳。大多数游泳池水会用漂白粉消毒,含氯的漂白粉会导致池水偏碱性,而人体的眼结膜更适应偏酸性的环境,所以眼结膜接触到偏碱性的池水后会有酸涩感。

另外,有些细菌、病毒是氯所无法彻底消除的。当眼结膜的酸碱平衡被破坏后,抗病能力就会下降,池水里的细菌就会趁机进入人的眼睛,从而引发眼睛炎症。

夏季预防结膜炎,要做到以下几点:选择正规的游泳馆;尽量不要用别人用过的毛巾等物品;不要戴隐形眼镜游泳,要佩戴密封性好的游泳镜,必要时可在游泳前滴两滴抗生素滴眼剂;游泳后要及时用干净的水洗脸、洗澡。

图书在版编目（CIP）数据

高温作业那些事／唱斗编著. —北京：中国工人出版社，2021.4
（户外劳动关爱丛书系列）
ISBN 978-7-5008-7643-4

Ⅰ．①高… Ⅱ．①唱… Ⅲ．①高温作业－防暑－基本知识 Ⅳ．①X968

中国版本图书馆CIP数据核字（2021）第064291号

高温作业那些事

出 版 人	王娇萍	
责 任 编 辑	冀 卓 李 丹	
责 任 印 制	栾征宇	
出 版 发 行	中国工人出版社	
地 址	北京市东城区鼓楼外大街45号 邮编：100120	
网 址	http://www.wp-china.com	
电 话	（010）62005043（总编室）	
	（010）62005039（印制管理中心）	
	（010）62382916（职工教育分社）	
发 行 热 线	（010）62005996 82029051	
经 销	各地书店	
印 刷	三河市东方印刷有限公司	
开 本	787毫米×1092毫米 1/32	
印 张	2.25	
字 数	30千字	
版 次	2021年5月第1版 2023年7月第3次印刷	
定 价	16.00元